Viola Fritz

Südtirol - Hemmt die Zweisprachigkeit die Entwicklung dieser Region?

GRIN Verlag

Bibliografische Information der Deutschen Nationalbibliothek:

Die Deutsche Bibliothek verzeichnet diese Publikation in der Deutschen Nationalbibliografie; detaillierte bibliografische Daten sind im Internet über http://dnb.d-nb.de/ abrufbar.

Impressum:

Druck und Bindung: Books on Demand GmbH, Norderstedt Germany
ISBN: 978-3-656-43663-8

Dieses Buch bei GRIN:

http://www.grin.com/de/e-book/62540/suedtirol-hemmt-die-zweisprachigkeit-die-entwicklung-dieser-region

Südtirol

Hemmt die Zweisprachigkeit die Entwicklung dieser Region?

Inhalt:

0. Einführung

"Als ich ins Gasthaus zurück kam, dämmerte es , die Leute saßen in der Stube. Es waren dreierlei Leute: die Ansässigen, die nach Feierabend an ihrem Holztisch neben dem Ofen saßen, , den hellen roten Wein in den Gläsern. Sie redeten in der Mundart, die fast in jedem Tal Abweichungen hat, ich hatte Mühe, sie zu verstehen. Eine zweite Gruppe waren die in den Ort zu ihrem Dienst abgeteilten Italiener: Carabinieri und Leute von der Post und der Eisenbahn. Sie standen an der Bar und tranken dort ihren Wein. Eine dritte Gruppe waren die Arbeiter vom Güterweg. Sie wohnten im Gasthaus und hatten hier auch ihre Abendmahlzeit an einem besonderen Tisch. Auch sie waren Italiener und bekamen ihr Essen nach der Art ihrer südlichen Heimat, der Vorarbeiter teilte es aus. Dann kam eine vierte Gruppe: Leute von der Baufirma, die den Güterweg errichtete, sie kamen aus Innsbruck.

Die Kellnerin hinterm Schanktisch sagte: Eine Kommission, sie hat den Bau im Auftrag, und manchmal sehen sie nach. Die Kellnerin kannte alle Besucher. Mit diesen sprach sie deutsch, mit den Arbeitern italienisch, mit den Bauern in der Mundart. Ich beobachtete die Gruppen und machte mir Gedanken. Das war beinahe wie Zusammenleben, aber es war doch auch Getrenntsein und Unterschied dabei...

...An diesem Abend, ehe ich über den Flur mit der Harfe in mein Zimmer ging, dachte ich noch an die Eindrücke unten: an dieses Nebeneinander, Verschiedenheit, Unterschied, Gegenwart und Vergangenheit." (Franz Tumler, 1984, S.10/11)

1 Geschichtliche Grundlagen

1.1 Geschichtlicher Überblick im Bezug auf die Landeszugehörigkeit

um 750-450:	Beiderseits des Brenners existiert eine einheitliche keltische Hallstatt-Kultur
15 v. Chr.:	Auf Befehl von Kaiser Augustus dringen seine Stiefsöhne Drusus und Tiberius in das heutige Südtirol ein, unterwerfen die Stämme der Isarker, Venonen, Breonen und Genaunen und ziehen in das nördliche Alpenvorland weiter
41-54 n. Chr.:	Kaiser Claudius unterstellt das spätere Südtirol der Zivilverwaltung. Das Kernland gehört nun zur nördlichen Provinz Raetia, der Osten mit dem Pustertal kommt zur Provinz Noricum, der Süden ab Kollmann und Meran wird der „Regio Venetia et Istria" des Römerreichs angegliedert.
476 n.Chr.	Mit dem Sturz des letzten weströmischen Kaisers Romulus Augustulus durch den Germanenführer Odoaker ist auch die römische Herrschaft im heutigen Südtirol beendet.
493 n.Chr.	Theoderich der Grosse besiegt Odoaker und gründet das Ostgotenreich in Italien, zu dem auch das Etschtal gehört
568 n.Chr.	Die in Italien eingefallenen Langobarden kontrollieren mit ihrem Herzogtum Trient das Oberetschtal bis Meran
774 n.Chr.	Karl der Große besiegt die Langobarden und setzt 788 Bayernherzog Tassilo III. ab. Das Gebiet des heutigen Südtirol ist damit nach dem Untergang Roms erstmals wieder unter einer Hand vereint.
798 n. Chr.	Das Bistum Säben wird der bayrischen Metropolitankirche (Sitz Salzburg) zugeteilt. Damit ist Südtirol endgültig politische und geistig nach Norden ausgerichtet.
1363	Das „Fürstentum der Grafschaft Tirol" wird an Rudolf IV. von Habsburg übergeben.

1665	Die Tiroler Linie der Habsburger stirbt aus. Das Land wird von einem „Gubernator“ verwaltet, behält aber weitgehende Autonomie
1805	Tirol kommt nach dem Frieden von Pressburg an Bayern
1815	Nach der Niederlage Napeoleons gegen die europäischen Mächte geht Tirol beim Wiener Kongress wieder an Österreich.
1919	Im Frieden von Saint-Germain wird Italien das Trentino sowie das fast nur deutschsprachige Gebiet von der Salurner Klause bis zum Brenner zugesprochen. Die Südtiroler sind in ihrer eigenen Heimat nun eine Minderheit.
1922	Die zunächst noch halbwegs vorhandene Autonomie der Südtiroler Volksgruppe wird mit dem Regierungsantritt der Faschisten immer mehr eingeengt.
1939	Mussolini und Hitler treffen ein Umsiedlungsabkommen, das den Südtirolern freistellt, die italienische Staatsbürgerschaft zu behalten oder nach Deutschland auszuwandern. 86% (185 365 Südtiroler) wählen die Umsiedlung, aber nur etwa 74 900 gehen tatsächlich.
1946	Südtirol steht nach dem Abzug amerikanischer und englischer Truppen wieder unter italienischer Verwaltung. Der deutschsprachigen Bevölkerung werden die Autonomierechte zugesprochen, die aber teilweise nicht eingehalten werden.
1948	Südtirol bildet mit dem Trentino die Autonome Region Trentino-Südtirol. Es kommt zu Spannungen, da die deutschsprachige Bevölkerung in die Minderheit gerät, und in der Folge zu zahlreichen Sprengstoffanschlägen unter der Parole „Los von Rom“.
1960	Österreich bringt die Südtirol-Frage vor die Vereinten Nationen
1969	Mit knapper Mehrheit der Südtiroler Volkspartei (SVP) wird das sog. Südtirol-Paket gebilligt. Deutsch wird zweite Amtssprache, und in der Region Trentino-Südtirol ist nun ein Landtag für viele Fragen und Bereiche der Autonomen Provinz Bozen zuständig.

1992 Österreich erkennt formell an, dass die Verpflichtungen des „Südtirol-Pakets" von Italien erfüllt sind
(ADAC Reiseführer, Südtirol)

1.2 Der Begriff Südtirol

Bis zum Untergang der Habsburger Monarchie[1] umfasste Südtirol Deutsch-Südtirol (zwischen Brenner und Salurner Klause) und Welschtirol[2] (südlich der Salurner Klause). Seit dem Friedensvertrag von Saint Germain bezeichnet der Begriff Südtirol nur noch das Gebiet nördlich der Salurner Klause, ein fast rein deutschsprachiges Gebiet.

Von den Italienern wird das Gebiet Alto Adige, auf deutsch Tiroler Etschland, genannt.

Die Provinz Bozen beschreibt ebenfalls das oben genannte Gebiet. Für das Welschtirol hat sich bei den Italienern der Name Trentino eingebürgert. (Maximilian Degenhard, Der Österreichisch-Italienische Streit über Südtirol vor den Vereinten Nationen).

Südtirol ist eine autonome Region, was eine Selbständigkeit in einigen Zweigen der Verwaltung bedeutet.

[1] siehe geschichtlicher Überblick: 1665

[2] heute: Trentino

1.3 Die Bevölkerungsentwicklung Südtirols von 1880 bis 1991

Wohnbevölkerung nach Sprachgruppen laut Volkszählungen von 1880 bis 1991 (a)

Popolazione residente per gruppo linguistico ai Censimenti popolazione dal 1880 al 1991 (a)

JAHRE ANNI	Italiener Italiani	Deutsche Tedeschi	Ladiner Ladini	Andere (b) Altri (b)	Insgesamt Totale
		Absolute Werte / Dati assoluti			
1880	6.884	186.087	8.822	3.513	205.306
1890	9.369	187.100	8.954	4.862	210.285
1900	8.916	197.822	8.907	7.149	222.794
1910	7.339	223.913	9.429	10.770	251.451
1921	27.048	193.271	9.910	24.506	254.735
1961	128.271	232.717	12.594	281	373.863
1971	137.759	260.351	15.456	475	414.041
1981	123.695	279.544	17.736	9.593	430.568
1991	**116.914**	**287.503**	**18.434**	**17.657**	**440.508**
		Prozentuelle Verteilung / Composizione percentuale			
1880	3,4	90,6	4,3	1,7	100,0
1890	4,5	89,0	4,3	2,3	100,0
1900	4,0	88,8	4,0	3,2	100,0
1910	2,9	89,0	3,8	4,3	100,0
1921	10,6	75,9	3,9	9,6	100,0
1961	34,3	62,2	3,4	0,1	100,0
1971	33,3	62,9	3,7	0,1	100,0
1981	28,7	64,9	4,1	2,2	100,0
1991	**26,5**	**65,3**	**4,2**	**4,0**	**100,0**

(a) Die Zahlen für die Jahre bis einschließlich 1921 beziehen sich auf die anwesende Bevölkerung, jene für die Jahre 1961, 1971 und 1981 auf die Wohnbevölkerung, jene für das Jahr 1991 auf die Sprachgruppenerklärungen. In den Jahren bis 1961 wurde die Umgangssprache erhoben, in den Jahren 1971 und 1981 die Zugehörigkeit zu einer Sprachgruppe und im Jahr 1991 die Zugehörigkeit oder Zuordnung zu einer Sprachgruppe
I dati per gli anni fino al 1921 compreso si riferiscono alla popolazione presente, quelli per gli anni 1961, 1971 e 1981 alla popolazione residente, quelli per il 1991 alle dichiarazioni linguistiche. Negli anni fino al 1961 compreso è stata rilevata la lingua d'uso, negli anni 1971 e 1981 l'appartenenza ad un gruppo linguistico e nel 1991 l'appartenenza o l'aggregazione ad un gruppo linguistico

(b) Unter "Andere" fallen in den einzelnen Jahren stets verschieden definierte Personengruppen:
Sotto la categoria "Altri" sono comprese diverse categorie di persone a seconda degli anni:

1880: die "Einheimischen" mit einer anderen Umgangssprache und die "Nichteinheimischen"; dasselbe gilt für 1890 und 1900;
la "popolazione indigena" con un'altra lingua d'uso e la "popolazione non indigena"; lo stesso vale per il 1890 e il 1900;

1910: die Staatsangehörigen mit einer anderen Umgangssprache und die Nicht-Staatsangehörigen;
gli aventi cittadinanza con un'altra lingua d'uso e i non aventi cittadinanza;

1921: die Ausländer;
gli stranieri;

1961: alle Ansässigen mit einer anderen Umgangssprache;
tutti i residenti con un'altra lingua d'uso;

1971: alle Ansässigen, die sich zu keiner der drei Sprachgruppen zugehörig erklärten;
tutti i residenti che non hanno dichiarato l'appartenenza ad uno dei tre gruppi linguistici;

1981: die ansässigen Inländer ohne gültige Erklärung der Sprachgruppenzugehörigkeit und die ansässigen Ausländer;
i residenti con cittadinanza italiana senza valida dichiarazione di appartenenza ad un gruppo linguistico e gli stranieri residenti;

1991: die ungültigen Erklärungen, die zeitweilig abwesenden Personen und die ansässigen Ausländer
le dichiarazioni non valide, le persone temporaneamente assenti e gli stranieri residenti

Quelle: ISTAT, Österreichisches Statistisches Zentralamt, Auswertung des ASTAT
Fonte: ISTAT, Österreichisches Statistisches Zentralamt, elaborazione ASTAT

Einige Bemerkungen zu der vorliegenden Bevölkerungsübersicht:

- 1921: Sprunghafter Anstieg der italienischen Sprachgruppe: die Italianisierung Südtirols durch Italien
- In den letzten Jahren nimmt die italienische Bevölkerung wieder prozentual ab
- 1939: Die Option => Abnahme der deutschen Bevölkerung

2. Sprachliche Situation in Südtirol

2.1 Eingriffe in die Sprachgemeinschaft 1920

Die Abtrennung Südtirols von Österreich und die Annexion an Italien am 20. Oktober 1920, hatte tiefgreifende Veränderungen im gesellschaftlichen, sozialen und sprachlichen Leben der Bevölkerung zu Folge. Die 230.000 deutsch-sprachigen Einwohner waren plötzlich gezwungen, eine neue Staatssprache zu lernen. Die Muttersprache wurde in den privaten Bereich als Dialekt und Umgangssprache abgedrängt.

Die Lage wurde noch prekärer, als der Faschist Benito Mussolini die Macht ergriff. Ziel der Assimilationspolitik war die „Ausrottung des deutschen Volktums"

.Hier seien kurz die markantesten Eingriffe dargestellt:

- Übersetzung der dt. Orts- und Flurnamen: Verbot weiterhin die entsprechenden dt. Namen zu verwenden
- Italiansierung oder Lateinisierung der Vor- und Familiennamen; selbst Grabinschriften müssen in it. oder lat. Sprache erscheinen
- Verbot des Namens Tirols
- Italienisch wird als Amts- und Gerichtssprache eingeführt
- Schul- und Religionsunterricht dürfen nur noch in it. Sprache erteilt werden
- in Kindergärten darf nur noch it. gesprochen werden
- das dt. Vereinsleben und Parteiwesen wird unterbunden, das Genossenschaftswesen durch wirtschaftspolitische Maßnahmen weitgehend zerstört
- Anzeigen, Kundmachungen, Hinweisschilder jeglicher Art müssen in it. Sprache verfasst sein
- Behinderung des Pressewesens durch strenge Zensurmaßnahmen; verschiedene Zeitungen (z.B.: Bozener Bote) müssen ihr Erscheinen einstellen
- die gewählten Bürgermeister werden durch faschistische Amtsbürgermeister („podesta") ersetzt

- gezielte Förderung der Zuwanderung aus dem Süden (Gründung des Bozener Industrieviertels; dt. Beamte und Lehrer werden dagegen in andere Provinzen versetzt oder außer Dienst gestellt

Gerhard Riedmann bemerkt hierzu: "Eine Folge davon ist, dass die mittlere Generation unserer Tage die dt. Sprache als Hochsprache und geschriebene Sprache nicht oder nur ungenügend beherrscht" Kurt Egger stellt fest: „Wenn man bedenkt, dass die Italiener durch die öffentliche Verwaltung und das Bildungswesen gerade jene Domänen an sich gezogen haben, die für den sozialen Aufstieg von großem Wert sind, lassen sich die sozialen Folgen für die dt. Sprachgruppe ermessen."

Einen weiteren Schlag bekam das dt. Volk durch das Siedlungsabkommen von Hitler und Mussolini. Sie stellten das den Südtiroler vor die Wahl: entweder als dt. Staatsbürger in das damalige dt. Reich abwandern oder als it. Staatsbürger in Italien bleiben. 86% optierten für Hitlerdeutschland, aber nur 1/3 hat Südtirol tatsächlich verlassen.

Aufatmen konnten die Südtiroler erst nach dem 2. Weltkrieg, wo im Pariser Vertrag Maßnahmen zum Schutz der Minderheit in Südtirol festgelegt wurden. Tiefgreifende Verbesserung , d.h. eine wirkliche Gleichstellung der dt. und der it. Sprache, wurde erst durch die Bestimmung des dt. Autonomiestatus von 1972 erreicht, vor allem aber durch die Durchführungsbestimmungen des „Pakets" hinsichtlich Proporz und Zweisprachigkeit 1976. Danach werden alle Stellen nach dem zahlenmäßigen Verhältnis der Sprachgruppen verteilt. Dabei gehen etwa 2/3 an die Deutschen, ca. 30% an die Italiener und ungefähr 4 % an die Latiner. Desweiteren wurde eine Zweisprachigkeitsprüfung für den öffentlichen Dienst eingeführt (Karin Pernstich 1984, S.4-7)

2.2 Die kommunikative Situation

In Südtirol treffen 2 Staatssprachen aufeinander. Die italienische Sprache tritt nur in der Hochsprache auf, da die Italiener aus verschiedenen Regionen Italiens ein-gewandert sind. Dagegen weist die deutsche Sprache eine Hochsprache, eine Umgangssprache (bayrisch-österreichisch geprägt) und ortsgebundene Mundarten. Die Hochsprache ist hauptsächlich in der Schriftsprache vorhanden. In der Sprechsprache werden meist dialektale und italienische Elemente in die Rede mit eingeflochten.
(Karin Pernstich 1984, S. 7-10)

In Südtirol trifft man verschiedene Realitäten an:

1. Es gibt perfekt 2-sprachige Personen in Wort und Schrift (deutsch, italienisch)
2. Es gibt perfekt 3-sprachige Personen in Wort und Schrift (deutsch, italienisch und ladinisch)
3. es gibt Personen, die deutsch als Muttersprache besitzen und die italienische Umgangssprache mehr oder weniger verstehen
4. Es gibt Personen, die der italienischen Muttersprache angehören und mehr oder weniger die deutsche Sprache verstehen
5. Es gibt die gesetzlich verankerte „institutionelle Zweisprachigkeit", das heißt, die deutschen und italienischen Sprachkenntnisse werden mittels einer Prüfung eruiert. Bei der institutionellen Zweisprachigkeit gibt es 4 unterschiedliche Niveaus, die mit dem jeweiligen Studientitel gekoppelt sind. Diese institutionelle Zweisprachigkeit unterschiedlichen Niveaus ist Grundvoraussetzung für den Zugang zu allen öffentlichen Stellen in Südtirol.(Zöschg, Matthias, 2001)

Wie sich dies auf die Entwicklung der Wirtschaft auswirkt, sei später erläutert.

2.3 Bedingungen des Sprachfriedens

Nun stellt sich die Frage, ob eine so plötzlich erzwungene Zweisprachigkeit auf Dauer existieren und funktionieren kann.

Die Rückgewinnung der deutschen Sprache in vielen Bereichen bewirkt bei der deutschen Sprachgruppe Sicherheit und bei der italienischen Unsicherheit. Die Versuche der italienischen Sprachgruppe, möglichst schnell die Zweisprachigkeit zu erreichen, ängstigt die deutsche Sprachgruppe (Angst vor einer Mischkultur). Die deutsche Sprachgruppe hat inzwischen ihren Schock überwunden, die italienische Sprachgruppe dagegen muss sich erst an den Gedanken gewöhnen, dass ihre Sprache nun nicht mehr die einzig gültige ist. Die genannten Probleme und Ängste können den Sprachfrieden erheblich beeinträchtigen.

Sprachkonflikte können nur vermieden werden, wenn:

- die Erst- und Muttersprache der Sprachgruppen gefördert werden (auch die von Minderheiten)
- die Notwendigkeit und Nützlichkeit einer Zweisprachigkeit muss eingesehen werden (Kurt Egger 1982, S.169-178)

3. Die Förderprogramme der EU

3.1. Die Strukturfonds im Allgemeinen

Die Europäische Gemeinschaft hat sich das Ziel gesetzt, die Unterschiede im Entwicklungsstand der verschiedenen Regionen und den Rückstand der benachteiligten Gebiete auszugleichen. Die Strukturfonds wollen diese Tätigkeit unterstützen.

Die folgenden 3 Ziele werden durch die Strukturfonds verwirklicht:

1. Ziel: Förderung der Entwicklung und der strukturellen Anpassung der Regionen mit Entwicklungsrückstand

2. Ziel: Unterstützung der wirtschaftlichen und sozialen Umstellung der Gebiete mit Strukturproblemen, z.B.: ländliche Gebiete mit rück-läufiger Entwicklung

3. Ziel: Unterstützung der Anpassung und Modernisierung der Bildungs- und Ausbildungs- und Beschäftigungspolitiken und –systeme

Die **Strukturfonds** der Europäischen Gemeinschaft sind:

- EAGFL (= Europäischer Ausrichtungs- und Garantiefonds für die Landwirtschaft)
- EFRE (= Europäischer Fonds für regionale Entwicklung)
- ESF (= Europäischer Sozialfonds)

Diese Fonds unterstützen auch die vier Gemeinschaftsinitiativen:

- INTERREG: grenzübergreifende, transnationale und interregionale Zusammenarbeit zur Förderung einer harmonischen und ausgewogenen Entwicklung des europäischen Raums
- URBAN: wirtschaftliche und soziale Wiederbelebung krisenbe-troffener Städte im Hinblick auf eine nachhaltige Stadtentwicklung

- LEADER: Entwicklung des ländlichen Raums
- EQUAL: transnationale Zusammenarbeit zur Förderung neuer Methoden für die Bekämpfung von Diskriminierungen und Ungleichheiten jeglicher Art beim Zugang zum Arbeitsmarkt

(Autonome Provinz Bozen, http://www.provinz.bz.it/europa/finanzierungen, 05.07.01)

3.2. Südtirol und Europa

1975: Südtirol wird als Berggebiet, d.h. als Gebiet mit besonderen Bedürfnissen und Problemen, eingestuft

1988: Südtirol wird als 5b-Gebiet eingestuft: d.h. als ländlicher Raum

1989: ein eigenes Programm zur Kofinanzierung wird eingereicht

1998: Personenkontrollen an den Grenzen zwischen Süd- und Nordtirol werden aufgehoben

1999: Einrichtung des IPE (=Info Points Europa) für Bürger , um aktuelle Informationen einzuholen

1999: 96 Mio. ECU werden von der EG für Maßnahmen im „Umweltschutz, der Qualitätsproduktion in der Landwirtschaft, der Aufwertung des touristischen Angebots, der Verbesserung des ländlichen Lebensraums, der Erhaltung des historisch-kulturellen Erbes, der Unterstützung des Handwerks und der Ausbildung in Handwerk, Tourismus und Landwirtschaft" bezuschusst.

2006: Kürzungen werden erwartet, aber Südtirol wird dennoch als „Ziel 2-Gebiet" (=Berggebiet und ländliches Gebiet mit Gesamtbevölkerung von höchstens 87.00 Einwohnern) gefördert werden.

(Autonome Provinz Bozen, http://www.provinz.bz.it/aprov/suedtirol/themen22_d.htm, 05.07.01)

3.3. Die Strukturfonds in Italien im Zeitraum 2000-2006

Der für Italien im Rahmen der Strukturfonds bereitgestellte Finanzrahmen beläuft sich insgesamt auf 29.656 Milliarden Euro für den Zeitraum 2000-2006 (das entspricht einer Zunahme von 32% gegenüber dem Zeitraum von 1994-1999, dort waren es 22.475 Milliarden Euro.

Innerhalb dieses Gesamtrahmens sollen die Interventionen der vier europäischen Strukturfonds, d.h. EFRE, ESF, EAGFL und des FIAF, zur Verwirklichung eines der 3 vorrangigen Ziele[3] beitragen

Die Region Südtirol wird als Ziel-2-Gebiet gefördert, wie in 3.2. angegeben. Nachfolgend wird die Ziel-2-Förderung in Italien noch näher beschrieben:

Ziel 2 soll die wirtschaftliche und soziale Umstellgung der Gebiete mit Strukturproblemen unterstützen. Zu diesen Gebieten mit Strukturproblemen gehören im Zeitraum 2000-2006 vier Arten von Gebieten:

- Industriegebiete
- ländliche Gebiete
- städtische Gebiete
- von der Fischerei abhängige Gebiete

Am 1. Juli legte die Europäische Kommission für jeden betreffenden Mitgliedsstaat die Höchstgrenze der im Rahmen von Ziel 2 förderfähigen Bevölkerung fest. Für Italien beträgt diese Höchstgrenze 7.402 Millionen Einwohner, das sind 13% der Gesamtbevölkerung.

Die Aufteilung der Ziel-2-Mittel auf die Mitgliedsstaaten erfolgte allein auf der Grundlage der förderfähigen Bevölkerung. Mit anderen Worten wurde unterstellt, dass jeder Einwohner eines förderfähigen Gebiets einen gleich hohen Beihilfesatz von jährlich 41,4 Euro (Preise von 1999) erhalten würde. Das bedeutet für Italien, dass es 2.522 Milliarden Euro (Preise 1999) erhält. Dieser Betrag gliedert sich in zwei Teilbeträge, ein Teil für die Ziel-2Gebiete (2.145 Milliarden Euro) und der andere Teil für die Über-

[3] Definierung der 3 Ziele siehe 3.1.

gangsunterstützung, d.h. für die Gebiete, die 1994-1999 förderfähig waren, im laufenden Zeitraum aber keine Förderung mehr erhalten (377 Millionen Euro).
(Inforegio, http://www.inforegio.cec.eu.int/wbover/overmap/i/ita-de.htm, 10.07.01)

Übersichten über die im Grundsatz genehmigten italienischen Programmplanungsdokumente (Ziel 2)

1) Bereits unterzeichnete Programmplanungsdokumente

Bezeichnung des Programms	von der Kommission zu bindender Betrag	Gesamtbetrag
ABRUZZEN	185,4 MIO. €	893 MIO. €
LATIUM	371,5 MIO. €	918 MIO. €
LIGURIEN	193 MIO. €	2 065 MIO. €
PIEMONT	488,6 MIO. €	1256 MIO. €
TOSKANA	322,5 MIO. €	1133 MIO. €
UMBRIEN	150,5 MIO. €	393 MIO. €
VENETIEN	286 MIO. €	1762 MIO. €

2) Programmplanungsdokumente, deren Annahme noch aussteht

Bezeichnung des Programms	von der Kommission zu bindender Betrag	Gesamtbetrag (zu präzisieren)
BOZEN	32,4 MIO. €	
EMILIA-ROMAGNA	122,7 MIO. €	
FRIAUL-RIAUL-JULISCH-VENETIEN	96,5 MIO. €	
LOMBARDEI	200,4 MIO. €	
MARKEN	125,3 MIO. €	
TRENTINO-SÜDTIROL	16,9 MIO. €	
AOSTATAL	16,1 MIO. €	

(Europäische Kommission, http://europa.eu.int, Memo/01/256, Brief vom 4.7.2001, 10.07.01)

4. Überlegungen zur Zweisprachigkeit in Südtirol

4.1 Vor- und Nachteile durch die Zweisprachigkeit

Vorteile	Nachteile
• Einblick in die verschiedenen Kulturen: ein Land der Begegnungen, auch in der Kunst, wo nördliche Traditionen auf Ideen des Südens trafen.	• Zusammenleben = Ebbe und Flut: einmal ist die eine Seite begünstigt, dann kommt aber auch der Moment des Rückschlags
• Toleranz: Südtiroler haben gelernt mit Fremden zu leben und umzugehen	• Spannungen zwischen den Sprachgruppen haben schwerwiegende wirtschaftliche Folgen
• Proporzbestimmungen[4]: die deutsche Sprachgruppe hat keine Konkurrenz, Minderheitenschutz wird gewährt und geringere Arbeitslosenquote	• Proporzbestimmungen: EG-widrige Bestimmung, da Freizügigkeitsbeschränkung von nicht provinzansässigen Bewerbern
• Zweisprachigkeitsprüfung: gute Marktbeziehungen im deutsch- und italienischsprachigen Raum	• Zweisprachigkeitsprüfung: eine Grundvoraussetzung für einen Arbeitsplatz im öffentlichen Dienst => „individuelle Hinderung", einen Arbeitsplatz zu bekommen

[4] Art. 89 Autonomiestatut: die Stellen in der staatl. öffentl. Verwaltung sind Bürgern jeder der 3 Sprachgruppen im Verhältnis zur jeweiligen – bei der Volkszählung ermittelten .-Stärke vorbehalten

Vorteile (Fortsetzung)

- Kinder lernen schon sehr früh die zweite Sprache in der Schule
- Autonomie: Landesverwaltung verhandelt die Programme direkt mit der Europäischen Kommission, genauso selbständig erfolgt dann die Durchführung, ebenso die Proporzbestimmungen und die Zweisprachigkeitspflicht (siehe oben) => geringe Arbeitslosigkeit in Südtirol
- Tourismus: Viele deutsche und österreichische Touristen bevorzugen ein muttersprachliches Urlaubsland und können dabei auch noch das mediterrane Klima und den Flair einer südländischen Stadt genießen.

Nachteile (Fortsetzung)

- Behinderung grenzübergreifender Kommunikation
- Autonomie: Weg zu einer echten Autonomie ist sehr schwierig, das verlangt von den Italienern Verzicht auf ihre alte Überheblichkeit (d.h. Südtirol = ein Teil Tirols) und von den Südtirolern verlangt dies Großzügigkeit und Verständnis für die Sorgen ihrer italienischen Landsleute.
- Viele Ausländer kaufen sich in Südtirol Wochenend- und Ferienhäuser, was den örtlichen Gemeinden wenig Vorteile bringt => Überfremdung => inoffizielles Verbot Grundstücke an Ausländer zu verkaufen.

4.2 Entwicklungsfördernde und –hemmende Faktoren der Zweisprachigkeit

4.2.1 Entwicklungsfördernde Faktoren der Zweisprachigkeit

Geringe Arbeitslosenquote (2,8%)

Durch die Proporzbestimmungen wird der deutschen Sprachgruppe ein Arbeitsplatz gewährt (Voraussetzung: meistens Zweisprachigkeitsprüfung erforderlich), da sie keine Konkurrenz hat. Die geringe Arbeitslosigkeit im EU-Vergleich hat positive Auswirkungen auf die Wirtschaft: weniger Verluste im Bruttoinlandsprodukt, weniger Arbeitskräfte liegen brach, mehr Beiträge zur Arbeitslosen-, Kranken- und Rentenversicherung, mehr Steuereinnahmen.

Verbundenheit des deutschsprachigen Bauern mit dem Boden:
In Südtirol gibt es über 5000 weit abgelegene Bauernhöfe, die unter Schwierigkeiten erreichbar sind und die von 20.000 Personen bewohnt werden. Ein Überbleibsel der deutschen mittelalterlichen Besiedlung der hochgelegenen Gebiete. Aber gerade dieser Wirtschaftsform verdankt man es, dass die Südtiroler Berglandschaft nicht verödet, wie es im ganzen südlichen Alpenraum geschehen ist.

1 Region - 2 Kulturen:
In Südtirol begegnen und vermischen sich die Kulturen des Nordens und des Südens.

Fremdenverkehr:
Einen erheblichen Teil seines Wohlstands verdankt Südtirol dem Klima und der Landschaft, die viele deutschsprachige Touristen anlocken. Neben dem Geld, das die Touristen in Südtirol lassen, hat der Fremdenverkehr natürlich auch sehr viele neue Arbeitsplätze geschaffen.

Land- und Forstwirtschaftliche Produktion:
Da auch im land- und forstwirtschaftlichen Bereich die Zweisprachigkeit verlangt wird, ist sie auch in diesem Bereich sehr entwicklungsfördernd, da die Marktbeziehungen für landwirtschaftlich- und forstliche Produkte vor allem im italienischen und deutschen Sprachraum abgewickelt werden.

Bodenschätze:

Für Italien sind Südtirols Bodenschätze nicht sehr bedeutend (1,55% der Gesamtproduktion Italiens). Dafür profitiert Österreich von dem Export der Hartgesteine aus Südtirol.

Industrie und Gewerbe:

Die Produktion ist hauptsächlich für den lokalen Markt bestimmt, aber hauptsächlich in der Energiewirtschaft profitieren wieder die 2 sprachverwandten Räume Österreich und Italien.

Autonomie:

Südtirol kann unter der Beachtung bestimmter Grenzen (die Verfassung, die Grundsätze der italienischen Rechtsordnung, die grundlegenden Bestimmungen der wirtschaftlich-sozialen Reformen, die internationalen Verpflichtungen, das nationale Interesse sowie – für die sekundären Befugnisse – die in den Staatsgesetzen festgelegten Grundsätze) selbst die entsprechenden gesetzlichen Bestimmungen erlassen. Gerade im Bereich der Strukturfonds hat das Land eine wichtige Umsetzungsbefugnis: die Landesverwaltung verhandelt die entsprechenden Programme direkt mit der Europäischen Kommission und führt sie dann selbständig durch

4.2.2. Entwicklungshemmende Faktoren der Zweisprachigkeit

Zweisprachigkeitsprüfung

Durch die Einführung der Zweisprachigkeitsprüfung wurde zwar einerseits die deutsche Sprache gefördert, aber andrerseits ist sie eine Grundvoraussetzung für den öffentlichen Dienst und kann somit für die Entwicklung des Einzelnen hinderlich sein, wenn er diese Hürde nicht bewältigen kann.

Begegnung zweier Kulturen

Wie in Kapitel 2.3. kann es zu Störungen des Sprachfriedens kommen. Spannungen zwischen den Sprachgruppen haben schwerwiegende wirtschaftliche Folgen

4.3. Die armen(?) Brüder

Wenn wir nun nach der gängigen Meinung in Österreich und Deutschland fragen würden, würden die Südtiroler verallgemeinert als arme Brüder eingestuft werden. Ist da

wirklich was dran? Die Folge dieser Meinung ist, dass3 Spenden in Millionenhöhe nach Südtirol flossen und immer noch fließen. Nach den ganzen Überlegungen müssen wir uns nun fragen, ob die Südtiroler wirklich so arm sind.

Also begeben wir uns zu denen, wo das Einkommen am geringsten sein muss: die Bergbauern. Die offiziellen Statistiken bescheinigen den Südtiroler Bauern je Familienarbeitskraft zunächst einmal ein Jahreseinkommen von weniger als 9000 DM. Das wäre zum Leben wirklich zu wenig. Die 28.000 Beschäftigten in der Landwirtschaft liegen laut Statistik ebenfalls im Hintertreffen, was der Anteil im Bruttosozialprodukt betrifft. 1986 waren das 7,3 Prozent im Gesamtaufkommen. Beschäftigte im produzierenden Gewerbe erwirtschafteten im Vergleich dazu 28% des Bruttosozialproduktes.

Wie ist nun die allgemeine Lage in Südtirol? Das Bruttosozialprodukt Südtirols liegt über dem Gesamtdurchschnitt Italiens. Das bedeutet, dass Südtirol wohl doch nicht zu dem „Armen Brüdern" gehören kann. Was ist aber nun mit den Bauern? Die meisten von ihnen haben noch einen Neben- oder Zuerwerb, manche arbeiten sogar schon hauptberuflich im Fremdenverkehr, in der Industrie oder im Dienstleistungssektor, um ihr Einkommen aufzubessern.

Durch was renommiert sich Südtirol im Ausland? Es sind die Südtiroler Äpfel und Weine, die ins Ausland exportiert werden. Andrerseits lockt Südtirol, wie oben schon erwähnt, durch sein Klima und die Landschaft, jedes Jahr (im Winter und Sommer) unzählige Touristen an. „Kein anderer Wirtschaftszweig hat so tief in die Gewohnheiten der Südtiroler eingegriffen, hat sosehr die Jagd nach Geld und Wohlstand angereizt, so sehr die Veränderung der Landschaft, die Entdeckung stiller, abgelegener Flecken Erde gefördert, wie der Tourismus."

Insgesamt ruhen 4 der 5 Sektoren der Wirtschaft in den Händen der deutschen und ladinischen Südtiroler. Die Italiener sind seit den Zeiten des Faschismus in der Industrie un dem Dienstleistungssektor tätig. Für die italienischen Zuwanderer wurden damals Tausende von Wohnungen gebaut. Nach und nach gelangte aber ein Teil der Industrie in deutsche Hände, seitdem nimmt die italienische Bevölkerung prozentual ab.

Früher wurde Südtirol als eine Insel bezeichnet, wo es weniger Arbeitslose, weniger Kriminalität, weniger soziale Konflikte, weniger Scheidungen, weniger schwangerschaftsunterbrechungen, dafür kinderreiche Familien, mehr Religion und mehr Tradition

gab. Aber der relative Reichtum hat in Südtirol doch auch einiges verändert. Südtirols Reichtum äußert sich in vielen Gebieten in den protzigen Wohnbauten nach Tiroler Stil.

Südtirol ist aber durchaus keine makellose Insel des Wohlstands. Es gibt besonders begünstigte Gebiete (Meran und Umgebung, Etschtal, Salurn bis zur Grenze des Trentino, Pustertal). Die ärmsten Gebiete (wirtschaftlich gesehen) sind die, die der Tourismus noch nicht entdeckt hat. Insgesamt gesehen sind die Südtiroler ein zufriedenes Volk. Zufriedenheit setzt materielle Sicherheit voraus.

Die schwierige Vergangenheit und die Zweisprachigkeit haben diese Region keinesfalls benachteiligt. Sie brauchen keine materielle Hilfe von uns, sondern kulturellen Anschluss an den europäischen Raum, dessen Weltaufgeschlossenheit, dessen dynamische Ideen und dessen Gleichbehandlung. Wir sollten sie nicht als arme Brüder des Südens, sondern als Brüder des Südens behandeln. (Hartmut Gallmetzer 1987, S.88-91)

5. Literaturverzeichnis

Autonome Provinz Bozen, http://www.provinz.bz.it/aprov/suedtirol/themen22_d.htm, Abrufdatum: 05.07.01)

Autonome Provinz Bozen, http://www.provinz.bz.it/europa/finanzierungen, Abrufdatum: 05.07.01

Degenhard, Maximilian: Der Österreichisch-Italienische Streit über Südtirol vor den Vereinten Nationen: Inaugural-Dissertation, Würzburg 1967

Egger, Kurt: Mit Konflikten leben – Überlegungen zur Zweisprachigkeit. – In: Hans Moser (Hrsg.), Zur Situation des Deutschen in Südtirol, Innsbruck 1982, S. 169-178)

Europäische Kommission, http://europa.eu.int, Memo/01/256, Brief vom 4.7.2001, Abrufdatum: 10.07.01

Gallmetzer, Hartmut: Die armen Brüder. – In: Dr. Will Keller (Hrsg.): Merian – Südtirol 1987, Heft 9, S.88-91)

Pernstich, Karin: Der italienische Einfluss auf die deutsche Schriftsprache in Südtirol, Wilhelm Braumüller, Wien 1984

Statistisches Jahrbuch 2000, Landesinstitut für Statistik – Bozen, pdf-Datei auf http://www.provinz.bz.it/astat

Tumler, Franz: Das Land Südtirol: Menschen, Landschaft, Geschichte. Piper, München1984

Widman, Werner A.: Südtirol – ADAC Reiseführer, ADAC Verlag GmbH, München 1999

Zöschg, Matthias: Assessor der Land- und Forstwirtschaft der Provinz Bozen, Informationen per E-Mail